Bibliografische Information der Deutschen Nationalbibliothek:

Die Deutsche Bibliothek verzeichnet diese Publikation in der Deutschen Nationalbibliografie; detaillierte bibliografische Daten sind im Internet über http://dnb.d-nb.de/ abrufbar.

Impressum:

Druck und Bindung: Books on Demand GmbH, Norderstedt Germany
ISBN: 9783668525993

Dieses Buch bei GRIN:

http://www.grin.com/de/e-book/374512/das-fleisch-der-zukunft-bieten-fleischlose-alternativen-realistische-loesungsansaetze

Charlotte Wulff

Das Fleisch der Zukunft. Bieten fleischlose Alternativen realistische Lösungsansätze für durch Massentierhaltung entstehende Problematiken?

GRIN Verlag

Das Fleisch der Zukunft

Inwiefern bieten Alternativen zum konventionellen Fleisch realistische Lösungsansätze für durch Massentierhaltung entstehende Problematiken?

ecosign / Akademie für Gestaltung
Hausarbeit im Fach Nachhaltiges Design

vorgelegt im Wintersemester 2016/17 von
Charlotte Wulff (Vorbereitungssemester)
Köln, den 1. März 2017

Inhaltsverzeichnis

I. Einleitung

Auch wenn die Anzahl der Vegetarier und Veganer stetig ansteigt (vgl. Precht 2016, S. 14), so ist Fleischkonsum in unserer aktuellen Gesellschaft nicht wegzudenken. Fest steht allerdings auch, dass die Art und Weise der Fleischproduktion negative Folgen für unseren Planeten und unsere Gesundheit nach sich zieht (vgl. PETA 2014, o.S.). Zunächst werden in dieser Hausarbeit die Problematiken benannt und beschrieben.

Anschließend wird sich die Arbeit den Lösungsansätzen widmen. Vegetarismus und Veganismus als Lösung liegen auf der Hand, doch es gibt bereits alternative Ideen.
Erst kürzlich polarisierte Richard David Precht in einer Talkshow von Markus Lanz mit den Worten: „In zehn Jahren werden es unsere Kinder pervers finden, dass wir noch lebende Tiere gegessen haben." Hierbei bezieht er sich auf die In-Vitro-Methode, mit welcher beispielsweise einer Kuh Stammzellen entnommen werden, um diese dann im Labor zu Fleisch zu entwickeln. Somit wäre ressourcenschonender Fleischkonsum ohne Tierleid möglich – Utopie oder realistische Zukunftsvision? Erste Probanden sind zwiegespalten vom Konzept des „Gen-Burgers".

Neben der Auseinandersetzung mit diesem Lösungsansatz wird sich die Arbeit mit Entomophagie beschäftigen – einem Gebiet, in dem Massentierhaltung um einiges einfacher und umweltschonender ist: Die Rede ist von Insektennahrung. Was in Entwicklungs- und Schwellenländern längst etabliert ist, ruft in unseren Kulturkreisen größtenteils Ekel hervor. Dem werde ich auf den Grund gehen und abschließend beide Lösungsansätze ihrer Zukunftsfähigkeit nach beurteilen.

II. Massentierhaltung

Begriff und Problematiken

Massentierhaltung, oder auch Intensivtierhaltung, bezeichnet das Streben der modernen Landwirtschaft danach, „[...] eine maximale Menge an Fleisch, Milch und Eiern so schnell und preisgünstig wie möglich zu produzieren – und das bei minimaler Platzanforderung" (PETA 2014, o.S.). Derart motiviertes Handeln führt sowohl kurz- als auch langfristig zu schwerwiegenden Problematiken.

In den westlichen Teilen Europas existieren mittlerweile „[...] mehr Massentierhaltung, mehr Legebatterien und mehr industrielles Tierleid als je zuvor" (Precht 2016, S. 14). Auf deutschem Boden sterben in der Intensivtierhaltung circa 753 Millionen Tiere pro Jahr (vgl. Albert Schweitzer Stiftung 2016, o.S.). § 2 des Tierschutzgesetzes konstatiert die Pflicht, Tiere angemessen und artgemäß zu halten und zu verpflegen, allerdings werden diese Bestimmungen regelmäßig verletzt (vgl. Precht 2016, S. 368).

Zusätzlich zu den tierethischen und moralischen Problemen der Massentierhaltung kommen ökonomische Missstände. Lokale Bauernhöfe können sich in der Konkurrenz zu globalen Billigfabriken nicht halten und die industrielle Tierhaltung „[...] vernichtet Jahr um Jahr Arbeitsplätze und verseucht Böden und Gewässer in einem solchen Maße, dass alle Gewinne nicht ausreichen würden, die ökologischen Schäden zu bezahlen, die wir künftigen Generationen aufzwingen" (Precht 2016, S. 372). Diese Umweltverschmutzung entsteht durch von Düngemittel und Tierausscheidungen verunreinigtem Abwasser.

Die Antibiotika, welche die Masttiere präventiv in hohem Maße verabreicht bekommen, hinterlassen Rückstände, die die Gesundheit des Menschen beim Konsum von Fleischprodukten erheblich beeinträchtigen können (vgl. PETA 2014, o.S.). Außerdem ist das konventionell angebaute Soja zur Fütterung der Nutztiere zum größten Teil gentechnisch verändert, was aber auf den verarbeiteten Endprodukten wie Fleisch, Milch und Eiern nicht kennzeichnungspflichtig ist (vgl. ebd.).

Neben den gesundheitlich negativen Folgen entstehen zudem Probleme für das Klima. Die Massentierhaltung verursacht die meisten Treibhausgase weltweit, insbesondere Methan und CO2. Grund dafür ist sowohl die Flatulenz von Kühen, als auch der Anbau vom Futtermittel Soja. Laut einer Studie des WWF ist „[a]llein die landwirtschaftliche Produktion [...] für elf bis vierzehn Prozent aller Treibhausgasemissionen verantwortlich" (Endres 2012, S. 1). Der Konsum von Fleisch hat in Deutschland zehn Prozent der durchschnittlich verursachten Pro-Kopf-Emissionen zu verantworten (vgl. ebd.). Zudem ist die Viehzucht einer der Hauptfaktoren der Regenwaldzerstörung, da für Weideflächen „[...] viele Millionen Hektar Urwald gerodet [...] werden" (Precht 2016, S. 374).

Die soeben aufgezeigten Problematiken fordern umgehendes Handeln und Lösungen, vor allem unter Berücksichtigung der Tatsache, dass in Zukunft die Nachfrage nach Fleisch auch in Schwellen- und Entwicklungsländern steigen wird. Der Jahresdurchschnitt des Fleischkonsums liegt weltweit „bei 12 Kilo pro Person [,] in Indien hingegen sind es erst vier bis viereinhalb Kilo" (Thurn & Kreutzberger 2014, S. 164). Die Ernährungs- und

Landwirtschaftsorganisation der Vereinten Nationen geht davon aus, dass sich „[z]wischen 2000 und 2050 [...] die globale Fleischproduktion verdoppeln [wird]“ (Precht 2016, S. 373).

Lösungsansätze

Der wohl bekannteste Lösungsansatz ist der Verzicht auf Fleisch oder generell auf tierische Produkte. Seinen Ursprung hat der Vegetarismus und Veganismus bereits circa 500 Jahre vor Christus unter Pythagoras. Im Laufe der Jahrhunderte wurde diese Ideologie von zahlreichen Philosophen und Tierrechtlern geprägt (vgl. Thurn & Kreutzberger 2014, S. 155).

Der Anteil von Vegetariern und Veganern wächst stetig, „[n]ach einer Umfrage des Allensbacher Instituts aus dem Jahr 2015 gibt es in Deutschland inzwischen 7,8 Millionen Vegetarier und 900 000 Veganer“ (Precht 2016, S. 14). Motiviert sind sie größtenteils von Gründen wie Ethik, Gesundheit und Nachhaltigkeit.

Prognosen legen nahe, „dass die aktuell landwirtschaftlich nutzbare Fläche der Erde bei ausschließlich vegetarischer Ernährung zur Versorgung von zehn Milliarden Menschen ausreicht“ (Thurn & Kreutzberger 2014, S. 154). Ausschlaggebend hierfür sei vor allem die Aufgabe von industriellem Futteranbau und massenhafter Viehproduktion (vgl. ebd.).

Doch Motivationen wie „Schönheit, Fitness, Gesundheit und Tierliebe sind meist auf einen Nahhorizont beschränkt“ (Precht 2016, S. 14). Solange Ernährung und das Verhältnis zu Tieren von den Menschen als Privatsache aufgefasst wird, wird die gesellschaftliche Akzeptanz von Grausamkeit an Tieren trotz besseren Wissens stets verhältnismäßig hoch bleiben (vgl. ebd.).

Ein anderer Lösungsansatz, der keinen Verzicht auf tierische Produkte beinhaltet, ist das Kaufen von Produkten aus Biohaltung. Diese garantiert zumeist mehr Auslauffläche, Zugang nach draußen und kein gentechnisch verändertes Futter (vgl. PETA 2014, o.S.). Allerdings ist der Wettbewerb groß, und „[l]ediglich 2-4% der Tiere in Deutschland stammen überhaupt aus der Bio-Landwirtschaft“ (PETA 2014, o.S.). Nicht zuletzt unterscheidet sich der Tod im Schlachthof nicht von dem der konventionell gehaltenen Tiere. Biobauernhöfe, die von Landesregierungen teilweise subventioniert werden, „kaschieren nur das Elend, weil sie einen Ausweg vorgaukeln, der keiner ist“ (Precht 2016, S. 372).

Aus diesem Grund wird an weiteren Lösungsansätzen gearbeitet, die Alternativen zu konventionellem Fleisch aus Massentier- und auch Biohaltung darstellen könnten. Zwei realistische und vielversprechende Visionen werden im weiteren Verlauf dieser Arbeit vorgestellt und auf ihre Umsetzungsfähigkeit beurteilt.

III. In-Vitro-Fleisch

Begriff und Hintergründe

Der Niederländer Mark Post präsentierte im August 2013 in London eine Innovation, die ebenso befremdlich wie revolutionär erschien: Ein Stück Hackfleisch, für das kein Tier hatte sterben müssen – gezüchtet aus der Nackenmuskel-Stammzelle einer Kuh (vgl. Precht 2016, S. 372). Der Physiologe hat die Vision, dass in nicht allzu ferner Zukunft ein solches „In-Vitro"-Fleisch (lat. „in vitro" = „im Glas") Alltag in den Supermärkten sein und konventionelles Fleisch von geschlachteten Tieren verdrängen wird.

Dies ist allerdings keine von Grund auf neue Idee, denn schon Winston Churchill in den 1930er Jahren erhoffte sich „[...] eine Zeit, in der wir nicht mehr das ganze Huhn züchten müssen, sondern einfach nur die Hühnerbrust, die wir essen" (Thurn & Kreutzberger 2014, S. 251). Mit Beginn der Stammzellenforschung ist dieses Ziel immer wieder von verschiedenen namhaften Wissenschaftlern angestrebt worden. Post und seinem Team gelang der erste „No-Meat"-Burger nach fünf Jahren Arbeit und einer Summe von zwei Millionen Euro (vgl. Precht 2016, S. 373). Einer der prominenten Sponsoren ist Google-Mitgründer Sergey Brin. Der Preis für 80 Gramm Laborfleisch beläuft sich aktuell auf 250 000 Euro, jedoch rechnet Post mit einer Preissenkung auf 50 Euro pro Kilo, sobald die Technologie verbessert und Massenproduktion in großen Laboren ermöglicht werden kann.
In-Vitro-Fleisch soll auf lange Sicht kein Luxusgut, sondern für jeden erschwinglich sein (vgl. Thurn & Kreutzberger 2014, S.254).

Das benötigte Gewebe lässt sich mittels einer Spritze dem entsprechenden Tier entnehmen. Anschließend werden diese Fleischfasern mit einem Kulturmedium und einem embryonalen Serum vermischt und zur Zellvermehrung für drei Wochen in den Inkubator gestellt. Auf diese Weise lassen sich aus einer Zelle Milliarden Zellen heranzüchten, die für mehrere tausend Kilo Kulturfleisch ausreichen (vgl. Thurn & Kreutzberger 2014, S. 252). Allerdings fehlen hierbei noch sowohl die Geschmacksträger als auch das Myoglobin, welches für die Farbe des Fleisches verantwortlich ist. Deshalb müssen zusätzlich Fettzellen hergestellt werden, um den Geschmack zu verbessern. Das „Cultured Meat" schmecke laut Post „heute schon so gut wie ein schlechter Burger einer bekannten Fast-Food-Kette" (Schalk 2016, o.S.). Es sei zu erwarten, dass in ungefähr fünf bis zehn Jahren Geschmack, Nährwerte und technologische Möglichkeiten derart verbessert sein werden, dass das Kulturfleisch im Supermarkt angeboten werden könne (vgl. ebd.).

Vorteile

Dass kein Tier für das In-Vitro-Fleisch leiden und sterben muss, ist nicht der einzige damit verbundene Vorteil. Die Erzeugung von Laborfleisch ist darüber hinaus um einiges klimafreundlicher, da die Methanemissionen, welche die Viehhaltung unter Anderem so umweltschädlich machen, wegfallen. Es werden „90 Prozent weniger Land [...], 90 Prozent weniger Wasser, 70 Prozent weniger Energie und 60 bis 70 Prozent weniger Nährstoffe [verbraucht]“ (Thurn & Kreutzberger 2014, S. 253). Während gegenwärtig 70 Prozent des weltweit geernteten Getreides ausschließlich an Tiere verfüttert werden, so könnte bereits bei einer Halbierung dieses Prozentsatzes dem Welthunger leichter und schneller entgegengewirkt werden (vgl. ebd.). Recherchen der University of Oxford haben ergeben, dass „[...] die Umstellung vom gezüchteten Tier zum gezüchteten Fleisch nur noch ein Prozent des Landes benötigen [würde], das gegenwärtig mit Rindern [und] Schweinen besetzt ist“ (Precht 2016, S. 375). Ebenso würde sich der Wasserverbrauch zur Tierhaltung und der Einsatz von Antibiotika verringern. Das Risiko von Krankheits- und Schadstoffübertragung durch Fleisch würde minimiert werden (vgl. ebd.).

Die Bevölkerung ist geteilter Auffassung gegenüber der Idee des „Cultured Meat“. Noch im Jahr 2005 hat eine von der Europäischen Kommission in Auftrag gegebene Studie gezeigt, „dass 54 Prozent der Europäer es komplett ablehnen würden, künstlich gewachsenes Fleisch zu essen“ (Tischewski 2010, o.S.).
Positive Tendenzen sind bis heute allerdings steigend: Jeweils zwei Drittel der Einwohner von Großbritannien und von den Niederlanden würden es laut einer Umfrage gerne testen (vgl. Thurn und Kreutzberger 2014, S. 253).
Die Nestlé Zukunftsstudie für das Jahr 2030 sieht künstlich hergestelltes Fleisch und andere Nahrung aus dem Labor als festen Bestandteil der Zukunft. Sie konstatiert, dass das, „was vor 20 Jahren noch mit einem Frankenstein-Nimbus behaftet und daher unverkäuflich war, [...] zu einer ressourcenschonenden, attraktiven Alternative [werden wird]“ (Nestlé Zukunftsforum 2015, S. 66). Belegt ist dies durch eine quantitative Befragung, in welcher 52 Prozent der Befragten das Szenario positiv bewerteten (vgl. ebd.).

Richard David Precht skizziert ebenfalls eine optimistische Zukunftsvision, in welcher er innerhalb von zwanzig Jahren die Massentierhaltung dank des „Cultured Meat“ als abgeschafft prophezeit (vgl. Precht 2016, S. 378). Er sieht darin, „im Hinblick auf millionenfaches Tierleid, die Chance des Jahrhunderts, [...] den Schritt von der Pferdekutsche zum Automobil“ (Precht 2016, S. 379).
Auffallend ist, dass vor allem Vegetarier, Veganer und Tierrechtsaktivisten das In-Vitro-Fleisch im Hinblick auf die Moral eindeutig positiv bewerten. Einer der bekanntesten Tierrechtler, Peter Singer, der sich seit 40 Jahren vegetarisch ernährt, betont, dass er, „[...] wenn Laborfleisch in die Läden kommt, [...] es mit Freuden probieren [wird]“ (Precht 2016. S. 379).

Gegenstimmen

Doch nicht jeder sieht in dem Kulturfleisch die Zukunft. Viele Verbraucher hegen ein grundsätzliches Misstrauen gegenüber künstlich hergestellten Lebensmitteln und dem Einsatz von Gentechnik. Ungeachtet bleibt dabei die Tatsache, dass die Produktion von Nahrungsmitteln wie Joghurt, Brot oder Bier ebenso von Kulturen abhängig ist (vgl. Precht 2016, S.375). Ähnlich häufig tritt das Argument auf, dass der Geschmack von Fleisch nicht erreicht werden können, „weil es keine Seele habe“ (Tischewski 2010, o.S.).

Zusätzlich zum „No-Meat"-Burger und dem künstlichen Herstellen von Rindfleisch arbeiten andere Forscher daran, noch mehr tierische Produkte im Labor herzustellen. In Irland zum Beispiel wird an der Entwicklung einer „kuhfreien Milch" aus Hefekulturen gearbeitet (vgl. Thurn & Kreutzberger 2014, S. 255). Wenn jedoch Kühe in Zukunft gar nicht mehr gebraucht werden, wird ohne sie das Grünland verwildern und Landschaft verschwinden (vgl. ebd.).

Ein weiterer negativer Aspekt ist, dass die Entwicklungslabore zunächst in den Industrieländern stationiert sein werden, und der Export der Ware in Entwicklungs- und Schwellenländern die Abhängigkeiten nur vergrößern würde (vlg. Thurn & Kreutzberger 2014, S. 255).

Im direkten Vergleich und unter Berücksichtigung der Problematiken der Massentierhaltung wiegen dennoch die Pro- Argumente schwerer. Im nächsten Kapitel wird eine nicht auf dem Einsatz von Technik beruhende, jedoch mindestens genauso viel Befremden auslösende Alternative vorgestellt.

IV. Entomophagie

Begriff und Hintergründe

Das griechische Wort „éntomon" bedeutet „Insekt", demnach bezeichnet die Entomophagie das Verzehren selbiger. Das, was bei vielen Ekel und Schauer hervorruft, ist für zwei Milliarden Menschen weltweit Alltag (vgl. Thurn & Kreutzberger 2014, S. 233). Insbesondere in südlichen Ländern mit tropischen Temperaturen und hoher Vielfalt an Insektenarten ist diese Ernährungsform etabliert. Ernährungsexperten der „Food and Agriculture Organization of the United Nations" sehen darin „eine wichtige Möglichkeit, die Mangelernährung in Entwicklungsländern zu bekämpfen" (Thurn & Kreutzberger 2014, S. 233).
Denn rund acht Milliarden Menschen weltweit können nicht regelmäßig Fleisch essen, sei es aus Kostengründen oder mangelnder Verfügbarkeit (vgl. Dohler 2016, o.S.). Aus diesem Grund könnte Insektenfleisch durchaus eine zukunftsfähige Alternative sein – die Meinungen sind allerdings gespalten.

Vorteile

Berücksichtigt man die durch Massentierhaltung entstehenden Problematiken, wird schnell deutlich, dass diese bei der Haltung von Insekten um einiges geringer ausfallen. Grund dafür ist der wenige Platz, den die Wirbellosen einnehmen. Sie benötigen lediglich ein Zehntel des Landes und ein Viertel des Futters, das für die Haltung von Rindern und Schweinen gebraucht wird (vgl. Thurn & Kreutzberger 2014, S. 234). Dadurch ist die Klimabilanz von Insektenhaltung auch besser: Pro Kilogramm Insekten fallen bis zu hundertmal weniger Treibhausgas-Emissionen als bei Rindfleisch an (vgl. ebd.). Während die Produktion eines Kilo Steaks 15 000 Liter Wasser verbraucht, beläuft sich der Wasserbedarf für die entsprechende Menge Insekten auf bloß 15 Liter (vgl. Dohler 2016, o.S.).
Darüber hinaus sind Insekten die am häufigsten vorkommenden Lebewesen auf der Erde. Ihre Tötung erfordert keine brutale Schlachtung, sondern lediglich ein Absenken der Temperatur im Schlaf (vgl. ebd.).

Ein weiterer wichtiger Vorteil der Entomophagie ist der hohe Proteingehalt. Insekten verfügen über einen vergleichbar hohen Eiweiß- und Mineralstoffgehalt wie Hühner, Rinder und Schweine. Zugleich enthalten sie sehr wenig Fett und Cholesterin und sind durch ihren Reichtum an Omega-3-Fettsäuren, Eisen und Zink gesünder als Rind- oder Schweinefleisch (vgl. Dohler 2016, o.S.).
Der hohe Nährstoffgehalt ist entscheidend für die Menschen in Entwicklungs- und Schwellenländern, die sich nicht regelmäßig mit tierischem Protein versorgen können.
Günstige Insektensnacks und -beilagen wie Raupen und Heuschrecken sind in südlichen Ländern bei Straßenhändlern zu erwerben. Es gibt bereits 20 000 Grillenfarmer in Thailand, viele davon, die von der Rinderzucht umgestiegen sind (vgl. Thurn & Kreutzberger 2014, S. 232). Es ist ein lukratives Geschäft geworden, welches auch in westlichen Kreisen Erfolg haben könnte. Die EU fördert bereits mit hohen Summen Forschungsprojekte zu dem

Thema, da darin ein wichtiger Faktor der Nahrungssicherheit gesehen wird (vgl. Dohler 2016, o.S.).

Gegenstimmen

Doch ein großer Teil der westlichen Gesellschaft steht diesem Konzept kritisch gegenüber. In Europa und Nordamerika ruft bei vielen „schon der Gedanke an lange Beine, Fühler und Chitinpanzer Ekel und Abscheu bis hin zu Phobien hervor" (Thurn & Kreutzberger 2014, S. 234). Diese Aversion wurzelt in jahrzehntelang gepflegten kulturellen Traditionen, gesellschaftlichen Tabus und der Erziehung. Gewohnheit und Bräuche haben den Ekel gegenüber allem mit mehr als vier Beinen fest verankert. Widersprüchlich ist hierbei der massenhafte, beliebte Verzehr von ähnlichen Wirbellosen wie Krabben, Scampi oder Weinbergschnecken. Auch roher Fisch in Form von Sushi wird von vielen genussvoll konsumiert (vgl. ebd.). Dies zeigt, dass Gewohnheiten sich mit der Zeit ändern können. Eine Idee zur Etablierung von mehr Toleranz gegenüber Insektennahrung ist die Verwendung dieser in gemahlener Form als Proteinersatz für Fertigprodukte (vgl. Thurn & Kreutzberger 2014, S. 235).

Teilweise ist die Religion ein Hindernis, welche strenggläubigen Christen, Muslimen und Juden den Verzehr von Ungeziefer verbietet (vgl. Thurn & Kreutzberger 2014, S. 234).
In Deutschland ist das massenhafte Züchten von Insekten als Nahrung noch überhaupt nicht erlaubt, da „[w]ie auch in anderen europäischen Ländern [...] eine klare Gesetzgebung [fehlt]" (Dohler 2016, o.S.). Brutkästen für den Eigenbedarf sind allerdings bereits verfügbar. Fraglich bleibt dennoch, ob die Entomophagie in der westlichen, modernen Esskultur mehr als eine exotische Nische einnehmen kann. Die Nestlé Zukunftsstudie fand heraus, dass man in Deutschland „Fleisch aus dem Labor offener [gegenübersteht] als ungewohnten Nahrungsmitteln natürlichen Ursprungs" (Nestlé Zukunftsforum 2015, S. 66).

Welcher der beiden aufgeführten Lösungsansätze im Vergleich realistischer und vielversprechender erscheint, wird im abschließenden Fazit erörtert.

V. Gegenüberstellende Beurteilung der Zukunftsfähigkeit der Lösungsansätze

Die im bisherigen Verlauf dieser Arbeit dargestellten Alternativen zu konventionellem Fleisch verfolgen zwar dieselbe Idee, nämlich die Reduktion der negativen Folgen von Massentierhaltung, haben aber grundsätzlich verschiedene Herangehensweisen.
In-Vitro-Fleisch setzt auf den technischen Fortschritt, auf die Möglichkeiten, die die Wissenschaft bietet, und somit auf nicht natürlichen Ursprung. Die Entomophagie dagegen setzt auf Nahrungsmittel natürlichen Ursprungs, welche aber für große Teile der Bevölkerung ungewohnt und negativ behaftet sind.

In Zukunft werden beide Alternativen eine wichtige Rolle für Menschheit und Umwelt spielen. Meiner Meinung nach wird sich das In-Vitro-Fleisch in Europa besser und schneller etablieren können. Ob es so drastisch kommen wird, dass in zwanzig Jahren die Massentierhaltung komplett abgeschafft sein wird, wie es Richard David Precht in seinem Buch „Tiere denken" prophezeit, sei dahingestellt. Schließlich ist die Fleischlobby überall stark präsent. Sobald aber die Kosten für die Herstellung des Kulturfleisches gesenkt und der Geschmack verbessert werden können, sollte nicht mehr viel gegen den Verzehr davon sprechen. Besonders die Leute, die „wegen des Geschmacks" Fleisch essen, sollten hiermit eine Alternative finden können. Viele Vegetarier und Veganer haben sich bereits positiv gegenüber der Idee geäußert. Ich persönlich als Veganer würde das Laborfleisch auf jeden Fall essen, da es keine ethischen Maßstäbe verletzt und hundertprozentig tierleidfrei ist. Ich möchte die Idee unbedingt unterstützen und dazu beitragen, dass statt neuen Schlachthöfen Labore für In-Vitro-Fleisch gebaut werden.

Der Etablierung von Insektenfleisch in Europa stehe ich eher kritisch gegenüber. Meiner Meinung nach wird es hier nicht mehr als eine Nische einnehmen, da der Ekel zu tief verankert ist. Außerdem ist es keine „echte Alternative" für diejenigen, die nicht auf den Fleischgeschmack von Rind und Schwein verzichten wollen. Für Vegetarier und Veganer, die jegliches Tierleid negieren, stellt es auch keine zufriedenstellende Lösung dar.
In Ländern wie Zentral- und Südafrika, Asien, Australien und Südamerika, wo Insekten ohnehin schon auf dem Speiseplan stehen, ist die Entomophagie deutlich zukunftsfähiger. Die Mangelernährung in Entwicklungsländern ist durch die proteinreiche Insektennahrung einfacher und umweltschonender zu bekämpfen als durch importiertes Fleisch aus Massentierhaltung.

Abschließend lässt sich also sagen, dass sich das Fleisch der Zukunft verändern muss und es dafür bereits gute, realistische Lösungsansätze mit regionalen Unterschieden gibt. Die durch Massentierhaltung entstehenden Problematiken lassen sich sowohl bei der Herstellung von In-Vitro-Fleisch als auch bei der Haltung von Insekten enorm reduzieren.

VI. Quellenverzeichnis

Albert-Schweitzer-Stiftung (2016): „Massentierhaltung"
https://albert-schweitzer-stiftung.de/massentierhaltung Stand: 22.02.2017

Dohler, Christine (2016): „Grille mit Dip gefällig?"
http://www.faz.net/aktuell/stil/essen-trinken/insektennahrung-grille-mit-dip-gefaellig-14005995.html?printPagedArticle=true#pageIndex_2 Stand: 27.02.2017

Endres, Alexandra (2012): „Unsere Ernährung schadet dem Klima mehr als der Verkehr"
http://www.zeit.de/wirtschaft/2012-11/klima-ernaehrung-wwf Stand: 22.02.2017

PETA (2014): „Tierhaltung in Deutschland – der mechanisierte Wahnsinn"
http://www.peta.de/grausamkeitantieren Stand: 22.02.2017

PETA (2014): „Eier von freilaufenden Hühnern, Bio-Fleisch, -Eier und -Milchprodukte: Alles nur Schwindel?"
http://www.peta.de/bio#.WLbkCn9RltT Stand: 22.02.2017

Schalk, Ruth (2016): „Meat the Future"
http://www.faz.net/aktuell/stil/essen-trinken/kuenstliches-fleisch-der-burger-aus-der-petrischale-14030839-p2.html?printPagedArticle=true#pageIndex_2 Stand: 24.02.2017

Tischewski, Johann (2010): „In-VitroFleisch: Labor-Schnitzel als Klimaretter"
http://www.geo.de/natur/oekologie/5577-rtkl-vitro-fleisch-labor-schnitzel-als-klimaretter
Stand: 24.02.2017

VII. Literaturverzeichnis

Nestlé Zukunftsforum (2015): „Wie is(s)t Deutschland 2030?", Deutscher Fachverlag

Precht, Richard David (2016): "Tiere denken", Goldmann Verlag

Thurn, Valentin; Kreutzberger, Stefan (2014): "Harte Kost – Wie unser Essen produziert wird", Ludwig Verlag